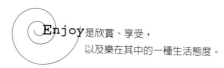

Enjoy是欣賞、享受，
以及樂在其中的一種生活態度。

貓狗

開亮──著

鏟屎官
必看

撿史

貓狗撿史

目錄

序

明明大家都是進化來的，
怎麼有人就成了主子？

當今世上，貓和狗已經融入人類的生活中，是人類文明的重要組成部分。做為人類的好夥伴，人類離不開貓和狗，貓和狗也對人類不離不棄，我們將會一直這麼幸福地生活下去，對吧？

「你倆都給我下來！」

但是從生物學的角度，貓和狗是分別從野貓和灰狼演化而來的。而野貓和灰狼都是食肉目下的成員，食肉目啊人類！夠直白了吧，我們都是妥妥的肉食性動物啊，都是俯視食物鏈的存在啊，為什麼會選擇這種寄生在人類家庭整天裝傻賣萌的生活方式啊？!

家貓　狗

野貓　狼

 不行，我需要冷靜一下，我得理一理我們是怎麼一路墮落至此的。

壹
貓的進化：差點變成獅虎豹

貓具有真正的情感忠誠，
人類往往出於某種原因隱藏自己的感情，而貓卻不會。
——海明威

嗯，雖說貓的祖先野貓和狗的祖先灰狼都是食肉目成員，但牠倆也並不是一開始就站在食物鏈頂端，牠們的祖先也是勤勤懇懇演化幾千萬年，待到各種機緣巧合才修成這般成果——當然這一切的開始，還是託了恐龍的福。

「世界末日了?!」

眾所周知，六千五百萬年前，包括恐龍在內的大部分生物都滅絕了。但是有一些卑微的小生物倖存了下來，這其中就包括哺乳動物的祖先。

「不進化就不會死……」

雖然哺乳動物的祖先在恐龍生存的近一億六千萬年裡，一直克制著進化的熱情，但是在恐龍滅絕後，牠們再也按捺不住這份誘惑，放任地進化起來。

「這些都是我的崽兒？!」

「你抵抗誘惑的能力還不如一隻蟑螂！」

經過了幾千萬年的努力，哺乳動物孜孜不倦地填補了恐龍滅絕後留下的生態空白，已經進化得五花八門。

而在食肉目動物之前，站在食物鏈頂端的是——肉齒目的鬃齒獸科動物。鬃齒獸科動物在當時大致統治了地面，最大的成員偉鬃獸體長可達四公尺，其他生物都得給牠讓路。

「誰敢不從?!」

偉鬃獸

 然而，這並不是我們的祖先。當時我們的祖先其實在這兒。

細齒獸

 細齒獸——食肉目動物的祖先。別看牠長成這樣，後來所有的豺狼虎豹都得管牠叫祖宗。

在鬃齒獸的壓迫下，細齒獸們決心逆襲。

「恩啊，前方路有兩條，
一條路臉會變大，一條路
臉會變長～」

「我選臉大！」

 其中臉變大的那條路發展為貓型亞目，現存的貓科、鬃狗科、靈貓科和獴科都歸屬於貓型亞目。沒錯，鬃狗也是屬於貓型亞目哦。

「嘿嘿，
沒想到吧～」

貓型亞目蓬勃發展，其中率先大型化的偽劍齒虎，憑藉更先進的身體結構，已經能從鬣齒獸那裡爭得一畝三分地。

「我能大跳，你會嗎？」

「別煩我！」

雖然名字裡有「虎」，長得又跟貓有幾分相似，但其實偽劍齒虎並不是貓科動物的祖先，而是屬於獵貓科，和貓科是不同的分支。

獵貓科是當時發展最成功的貓型亞目分支，獵貓科的很多成員都長有發達的犬齒，在命名上也大都帶有「劍齒虎」這幾個字，但是牠們和真正的劍齒虎並沒有什麼關係。獵貓科下的劍齒虎，下顎都生有劍齒護葉。

偽劍齒虎

「看見沒，老子有牙套！」

始劍齒虎

恐齒貓

「看來大牙就是成功人士的標配！」

原小熊貓

而我們的祖先其實在這裡——原小熊貓，即所有貓科動物的祖先！

在生存的壓力之下，原小熊貓們決心逆襲。

「崽啊，你們現在有三條路可走，一條路是牙會變大，另外兩條我還沒想好～」

「我選大牙！」

選大牙的那位，日後進化成了貓科三大分支之一——劍齒虎亞科。

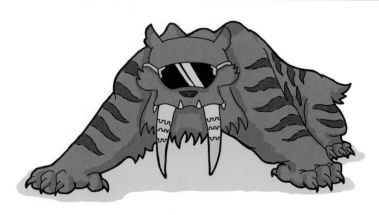

「大牙，成功人士的標配！」

隨著全球氣候變得乾燥，森林逐漸退化，迫使草食性動物向迅速化發展，貓科和獵貓科動物身體結構的優勢立刻凸顯出來，終於把鬣齒獸及整個肉齒目給排擠滅絕了。

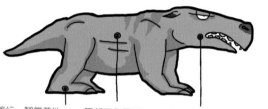

鬣齒獸

足部蹠行，腳掌著地，不利於奔跑跳躍。　腰部不夠靈活，阻礙奔跑跳躍。　前臼齒靠後，不利於撕咬獵物。

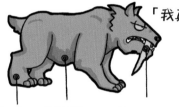

「我真是完美～」

劍齒虎

足部趾行，利於奔跑跳躍。　腰部靈活，有利於奔跑跳躍。　前臼齒靠前，且生有發達的犬齒，非常利於撕咬、切割獵物。

「寶寶餓……」

「戴牙套就了不起?!」

緊接著劍齒虎又順帶逼死了獵貓科動物……

「咱是你三舅家的隔壁的侄子的……」

擊敗了所有競爭對手的劍齒虎亞科動物，終於代表貓科動物登上了食物鏈顛峰，在第三紀餘下的幾百萬年裡稱霸全球。遍布全世界的劍齒虎亞科也逐漸分化出三大分支：劍齒不明顯的後貓族；劍齒特別明顯的刃齒虎族；劍齒比較明顯的劍齒虎族。

「猴腦外賣還沒送到～」

 後貓族的代表是恐貓，這貨平時最喜歡的是人類那還在樹上的祖先。

致命刃齒虎是刃齒虎族的代表，雖然有著最發達的劍齒，但可能只是純粹用來唬人的，而且刃齒虎們到滅絕也沒有走出美洲。

劍齒虎族才是真正遍及大江南北的劍齒虎，代表成員是短劍劍齒虎。

隨著第四紀的到來，跑得更快的偶蹄類成為主要的草食性動物，劍齒虎傳統的捕獵方式受到挑戰。

「可累死我了！」

「抓不著～」

!!!

與此同時，還出現了新的挑戰者。牠們蹦得高、跑得快，很快就把劍齒虎逼進絕路，這挑戰者就是——

曾幾何時……

「唉啊，還剩下兩條路，一條是變快，一條是變小～」

「我選變快！」

選擇變快的這位，其最終發展成了貓科三大分支中的第二支——豹亞科，包含獅、虎、豹等所有現代大型貓科動物。

雖然劍齒虎在全球被獅、虎、豹排擠,但還是在美洲堅守到了西元前一萬年。給了牠們最後一擊的是——人類。

「再有一萬兩千年,我們就能在動物園相見了⋯⋯」

成功取代劍齒虎的豹亞科動物，一度遍布歐亞大陸，甚至進化出了體型堪比劍齒虎的巨型亞種，比如下圖的殘暴獅和洞獅。

殘暴獅

毀滅刃齒虎

洞獅

非洲獅

 不過，這些巨型亞種也都在冰期結束前被人類全數殲滅（非洲獅除外），剩下了如今的這些中等身材的獅、虎、豹。

「生得早不如
生得巧啊～」

非洲獅

花豹

雪豹

美洲豹

西伯利亞虎

「……」

「我是不是只能變小了……」

選變小的這位，最終發展為貓科三大分支中的第三支——貓亞科，所有小型貓科動物都是其成員。

「喵喵～」

「喵喵～」

「喵喵～」

「喵喵～」

「喵喵～」

由於身材小，貓亞科成員對於環境有著極強的適應能力，因而分布範圍極其廣泛。

「喵喵」

值得一提的是，獵豹其實也是貓亞科成員，因為獵豹不會吼叫，只會「喵喵」叫。

貓亞科再往下又分為多個屬，其中貓屬又包含歐洲野貓、亞洲野貓和非洲野貓等多個亞種，而非洲野貓就是現代家貓的祖先啦！

「這個球真的是我的後代嗎？」

「馬上就要進化到我了！」

 然後就到了激動人心的時刻，人類之主即將誕生！家貓的祖先在風雲際會之際，向人類伸出了恩賜的爪，接受了人類的朝拜！

「我們熬過了千萬年，終於等到了這一刻，喵！」

貳
狗的進化：差點變成豺狼狐狸

對人的愛已經成為狗的本能，幾乎不容置疑。

——達爾文

之前提到過食肉目的先祖細齒獸，給牠的崽們指明了臉大和臉長兩條路，其中選臉大之路的日後發展成了貓型亞目……

「我是不是只能選臉長了……」

 而選臉變長之路的後代，日後則發展出了犬型亞目。犬型亞目目前發現的最古老成員，是四千萬年前就已經出現的黃昏犬。

「沒想到臉還真長了！」

黃昏犬

相比於貓型亞目成員，雖然犬型亞目成員沒有做到霸占食物鏈的頂端，但是牠們進化得更加多樣化，以適應各種環境，順便還探索出了多種完全不同的生存方式。如今犬型亞目成員幾乎遍布世界各地。

黃昏犬做為犬型亞目最古老的成員，同時也是所有犬科動物的祖先。犬科動物也發展出三個分支，只不過和如今全球開花（南極洲除外）的現代分支比起來，早先的分支只能用慘澹來形容。

「別來煩我！」

「生不逢時啊！」

由於亞洲和非洲生活著強大的鬣齒獸和貓型亞目成員，最先興起的古犬亞科成員一直都沒什麼存在感，牠們從誕生到滅絕這幾百萬年中，都只能窩在起源地北美洲。

「有什麼需要幫忙的嗎？」

「⋯⋯」

經過幾千萬年的韜光養晦，黃昏犬的另一個分支進化出恐犬亞科。恐犬亞科成員體型增大，並且擁有發達的咬合力，終於在食物鏈上占得一席之地，也順帶把古犬亞科成員給排擠滅絕了。

「我們發起飆來，自己都怕！」

恐犬

上犬

然而，在當時前有熊後有虎的形勢下，恐犬亞科成員還是無法成為頂級的掠食者，也始終沒有走出北美洲……

「這倆是我剛收的小弟～」

當然，恐犬亞科能上位的最主要原因，還是由於當時的一個強大物種——犬熊科衰弱了。犬熊科和犬科一樣，都是同屬犬型亞目下的生物，介於犬科和熊科之間，如今已經全部滅絕。

 在給犬熊確定分類的過程中，還產生過一些波折。最早生物學家們將犬熊歸為犬熊亞科，劃在犬科下面，但是在後來的研究中，漸漸發現牠們的顱骨和熊更相似，於是生物學家們就將犬熊劃分成一個獨立的科。

「所以說，科學也是在不斷進化～」

在貓科動物和恐犬亞科動物的夾縫下，黃昏犬的第三分支也在發展壯大，進化成今犬亞科，也就是現代的犬科，其包含所有現代犬科動物。在現代犬科動物的瘋狂擠壓下，恐犬亞科動物滅絕了。

「賢弟不要走！」

「賢弟們來啦！」

 現代犬科總體上又分為兩支：狐亞科和犬亞科。
所有的狐狸和貉都歸屬於狐亞科。

赤狐　耳廓狐　北極狐　大耳狐

現代犬科的另一大分支犬亞科下，包括了狼、豺、胡狼等大／中型犬科物種，這些都是現代犬科的中堅力量。犬亞科動物發展出了一種針對後來繁盛全球的偶蹄目動物非常有效的捕獵方式，使得牠們終於有能力實現逆襲，衝出美洲走遍世界！

「試看將來的地球，
　必是狼旗的世界！」

這種捕獵方式，一言以蔽之——死纏爛打。犬亞科動物四肢修長、耐力強勁，能夠長途奔襲，往往能把草食性動物追到力竭而亡。再加上牠們善於協同作戰，你咬一下我啃一口，再大的獵物都能給磨死。

「食物，咱都跑了半馬了～」　　　　　　　　　　　　「……」

「我不行了，你們吃了我吧！」

「不再邂逅兒了？」

終於在八十萬年前，已經擴散到歐亞大陸的犬亞科動物進化出了狗的祖先——灰狼。目前古生物學界對於犬亞科內部各成員的進化關係還沒有定論，所以暫時也搞不清究竟是哪種動物進化出了灰狼。

灰狼

做為歐亞大陸最大的犬亞科動物，灰狼出現後，遍布歐亞大陸各個角落。在當時廣闊的稀樹草原地帶無處不見牠們的蹤影，隨後灰狼又一路攻回牠們的「老家」——北美洲。

「對於我們來說，
新大陸即是舊大陸～」

然而等灰狼返回北美洲時才發現，此時的北美洲已經是強手如林⋯⋯

「我也是駝背的⋯⋯」

VS

巨型短面熊

殘暴獅

「⋯⋯」

恐狼

 灰狼在北美洲的對手，包括當時地球上最大的貓科動物殘暴獅和最大的熊類巨型短面熊，還有最大的犬科動物——恐狼。

雖然競爭慘烈，但灰狼還是笑到了最後。到冰期結束時，其他競爭對手紛紛滅絕，而灰狼卻已遍布北美洲。在歐亞大陸上，大型貓科動物也所剩無幾，至此灰狼已經確立了牠們在北半球溫帶地區的統治地位。然而，牠們即將迎來全新的對手——人類。

「嘿，大家好……」

「……」　「？」　「你誰啊？」

對抗或合作，擺在灰狼面前的只有這兩條路。選擇不同的道路意謂著分道揚鑣，甚至彼此為敵。選擇對抗的那一支依然被稱為狼，隨著人類文明的演進而被迫顛沛流離；選擇合作的那一支被稱為狗，成為人類文明非常重要的組成部分。

參
我們不一樣，不一樣

我相信，每隻貓都有魔法，我始終弄不明白的是：到底是
我收養了貓，還是貓恩准了我進入牠的生活。據說，要是
你喜歡貓，是因為你想愛一個人；你更喜歡狗，是因為你
渴望被人愛。

——多麗絲・萊辛

「你倆長得就像一個媽生的！」

為了能更好地了解貓和狗，此處我們特別對比一下貓科動物和犬科動物之間的差異。

「咱倆的區別，就是我比你帥～」

「好吧好吧，你更帥～」

雖然貓科動物和犬科動物都被稱為肉食性動物，但在飲食習慣上還是存在較大差別的。一般情況下，貓科動物只吃肉類，貓糧除外。

 而犬科動物更偏向雜食，基本上逮啥吃啥……

「……」

在捕獵方式上，貓科動物和犬科動物的差異就更大了。貓科動物擅長伏擊，瞄準獵物後瞬間爆發，然後一擊必殺。

犬科動物嘛，就是一大群在你屁股後面追幾十公里，死纏爛打把你磨死。

「再陪你跑十塊錢的～」

「再陪你跑二十塊錢的～」

「牛腿就在眼前！」

 飲食和捕獵方式的不同，源於牠們的身體結構有很大的差異。

為了能一擊拿下獵物，貓科動物進化出了各種武器。

強大的咬合力和鋒利的犬齒，能立刻切斷獵物的氣管、脊椎，甚至能咬穿頭骨。

厚重的掌可以一巴掌擊暈獵物，利爪也能對獵物造成嚴重的傷害。

部分貓科動物發展出巨大的體型來壓制獵物。

犬科動物的捕獵方式比較單一，即「死纏爛打」。但這種捕獵方式對身體有更為苛刻的要求——需要有極強的耐力。

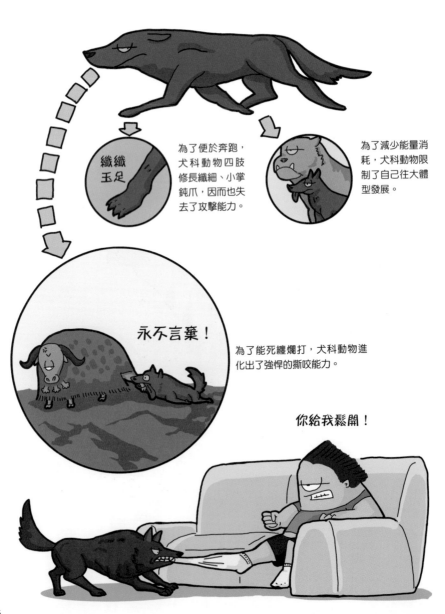

纖纖玉足

為了便於奔跑，犬科動物四肢修長纖細、小掌鈍爪，因而也失去了攻擊能力。

為了減少能量消耗，犬科動物限制了自己往大體型發展。

永不言棄！

為了能死纏爛打，犬科動物進化出了強悍的撕咬能力。

你給我鬆開！

貓和狗都養過的人可能深有體會：貓的舌頭上有倒刺，被舔上一口非常難受；而狗的舌頭非常光滑……不過被舔完記得去洗臉。

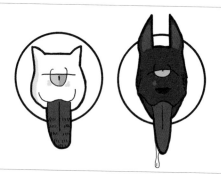

 這是因為貓科動物的純食肉習慣，使牠們進化出刺舌頭，能夠輕易刮淨骨頭上的肉。而狗嘛，能把骨頭都給你嚼得稀碎。

咔嚓！！！

狗能嚼碎骨頭全依靠牠發達的臼齒。由於犬科動物偏雜食性的特點，牠們為了能消化骨頭、植物這類東西，必須進化出發達的咀嚼能力。而貓科動物由於臼齒已經退化，咀嚼的能力遠不如犬科動物。

 這些特性放到現代人類社會就會引發新的問題——我們經常聽說某家的狗把枕頭撕碎了、把門給啃了、把作業給吃了，但這些問題是絕對不會發生在貓身上的。

「這都不是我幹的～」

除以上這些，貓科動物和犬科動物的腰部也有很大不同。

貓科動物靈活的腰部使牠們擁有瞬間爆發力，以此為基礎，貓科動物開發出許多獨門招式。

喵!!!

喵!!!

相較而言，犬科動物的腰部更加穩固，有利於長時間奔跑。

堪稱完美殺手的貓科動物，一向單獨行動（獅子除外），除發情期外，從不和同類接觸，且牠們個性極強，誰也不服誰。因此牠們特別適合在森林中生存，搞搞伏擊，抓抓小動物。

「沒人煩我真好……」

而犬科動物通常成群結隊，在草原或苔原地帶到處遊蕩，像風兒一樣馳騁在廣闊的天空下，順帶獵一頭野牛。

「你是風兒，我是……」

貓科動物中只有獅子是群居的，因為牠們生在了草原。草原地勢開闊，不利於搞伏擊，此外草原上的獵物大都體型龐大，一擊估計也不太可能必殺。所以沒轍，獅子也只能學犬科動物那樣群體狩獵了。

「你知道做獅子有多難嗎?!」

獅群和犬科動物群體還是存在本質區別的。
每一個獅群都是一個獨立家庭，一般是一隻公獅子領著一群老婆孩子，並且對外來的公獅子極度排斥。

 而犬科動物則更為團結，如狼群就是真正為生存而凝聚在一起的。狼群等級森嚴，每頭狼的職責分明。領頭狼不分雌雄，憑力量爭取。狼群通常對於外來同類並不排斥，但老弱病殘會被迅速淘汰。如此高效運轉的機制，是其能作戰成功的一大祕訣。

肆
十幾萬年的人狗情未了

當我與愈多的人打交道，我就愈喜歡狗。

——羅曼・羅蘭

不論是野貓演化成家貓，還是灰狼演化成狗，都是以遇到人類為前提。更確切地說，是遇到智人，也就是這些貓奴們。

從猿到智人的進化之路，在坎坷程度上絲毫不遜色於貓科和犬科動物們。早在三千多萬年前，原上猿就已經從猴子們中分化出來了。

然而在兩千萬年前，長臂猿便與古猿在進化之路上分道揚鑣，形成了單獨的長臂猿科。

一千五百萬年前，紅毛猩猩也離古猿而去，形成了獨立的猩猩科。

八百萬年前，大猩猩也與古猿們說再見了。緊接著在六百萬年前，黑猩猩也獨立發展去了。一路下來，古猿弄丟了所有的隊友。

「這年頭，打拚還得靠自己！」

不管怎樣，人類的祖先還是硬著頭皮走下去，終於走到了古猿的最後階段——南方古猿。同其他猿猴不同的是，南方古猿可以直立行走！

「那團毛球立起來了！」

 直立行走是猿類進化史上的重大突破。直立行走解放了猿類的雙手，使牠們能做更複雜的事，為進化為人奠定了基礎。

「*此處應有掌聲！*」

南方古猿再進化就是人類了。人類和猿最大的區別，就是人類會自己製造工具。兩百萬年前直立人出現，雖然看起來還是很像猿，但他們已經是真真正正的人類了。

 直立人的出現標誌著人類進入石器時代。從直立人開始，人類衝出非洲，擴散到歐亞大陸。歷史課本上的重要考點「北京猿人」就是直立人。

「七十萬年後的考生們，Are you ready？」

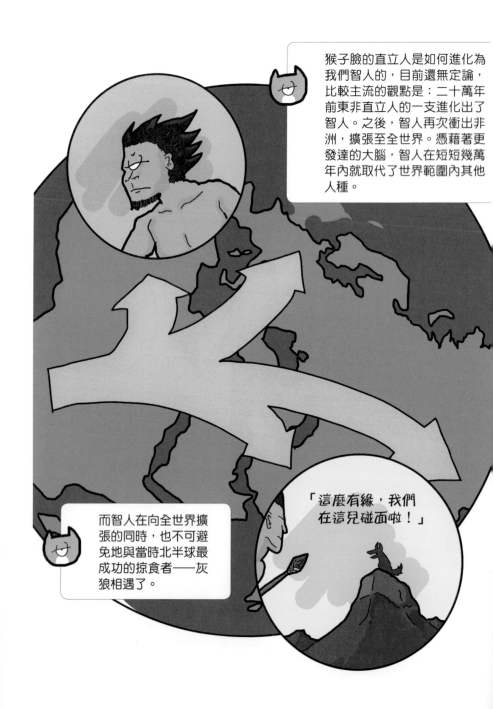

猴子臉的直立人是如何進化為我們智人的，目前還無定論，比較主流的觀點是：二十萬年前東非直立人的一支進化出了智人。之後，智人再次衝出非洲，擴張至全世界。憑藉著更發達的大腦，智人在短短幾萬年內就取代了世界範圍內其他人種。

而智人在向全世界擴張的同時，也不可避免地與當時北半球最成功的掠食者——灰狼相遇了。

「這麼有緣，我們在這兒碰面啦！」

然而，雙方似乎都在試圖做出改變。研究表明，當時人類營地有一種東西對灰狼有著極大的吸引力——人類吃剩的垃圾。因為犬科動物更偏向雜食，所以這些殘羹剩飯對灰狼很有吸引力。

「我在那裡拉了坨便便……」

「沒事，咱不嫌棄～」

「切！」

如果是貓科動物，估計連理都不理。

就這樣，一群狼自發性地改變了生活方式，從過去的圍獵生活，轉變成整天在人類營地周圍晃蕩找垃圾。雖然聽起來有點丟人，但是同累死累活地捕獵相比，這種生活方式使食物來源更加穩定，因而更有利於狼群生存。

「到狩獵時間了！」

「狼群來襲，做好準備！」

「骨頭沒昨天多……」

而狼群圍繞著人類營地，某種程度上也在為人類提供保護。兩者離得這麼近，難免眉來眼去，而智人也在這過程中發現了玄機，願意主動接近狼。在這樣的基礎之上，人和狼終於彼此接納，逐漸走上了合作的道路。

「來來來，趴下～」

「不服管，pass（淘汰）！」

「太能吃，pass！」

當然，互相接納也只是個開始。在此之後，智人一代又一代地篩選狼的後代，將不服從人類的個體驅逐或殺掉，終於在三萬年前的歐洲，馴化出了最早的狗。

「太暴躁，pass！」

有了狗的智人可以說是所向披靡。狗能攻能守，堪稱萬能，而智人則可以為狗提供食物和庇護。

當時有一種和智人同時存在的古人類——尼安德塔人。尼安德塔人是一支直立人在歐洲的後裔，這群人四肢發達，頭腦也沒那麼簡單，總之是當時智人的一個強勁對手。

「請多指教！」

 智人要想硬碰硬地擊敗尼安德塔人肯定沒戲，但是由於有狗的協助，無論是狩獵或鬥毆，智人總是更勝一籌。再加上冰期的到來導致環境惡劣，天災人禍下，就把尼安德塔人搞滅絕了。

「別煩我！！！」

「還是腦子不夠用～」

擊敗了強勁的對手後，就是智人獨步天下的時代了。

藉著智人的光，狗也成功擴散至世界各地，甚至到達了南美洲和大洋洲。據研究，現在的澳大利亞野犬就是由五千年前人類攜帶至此的狗野化而成的。

澳大利亞野犬

狗是最早被人類馴化成功的一種大型肉食性動物，這其中既有機緣巧合，也包含很多必然因素。狼等級森嚴的群居生活方式，使牠們更容易去服從和執行，當然這其中也少不了人類幾萬年的軟磨硬泡。

「你現在除了能吃能拉能睡，還會幹點啥！！！」

「不聽不聽，老王念經！」

雖說人類把狼馴化成了狗，但狗本質上還是狼，兩者起源於同一個物種，能夠互相雜交產生後代。但如果人現在想把一隻野生小狼崽養成狗，那基本上不太可能。經過萬年篩選出來的溫良基因，是絕不可能在短時間內速成的。

「做我的寵物吧，狼寶寶！」

「我不！！！」

「所以冰原狼什麼的，可能是流浪狗……」

雖然在之後的幾萬年中，人狗之間的情感不斷複雜和深化，狗在人類社會中也逐漸扮演著更多樣化的角色，儼然成了人類文明的一部分。

但是歸根結柢，狗也只是人類工具的延伸，狗是人類的狗奴，而人類是伺候我們的貓奴，所以我們是狗的主人的主人！

「去給我逮隻野牛⋯⋯算了。」

 另外值得一提的是，同灰狼一樣，人類在過去也曾馴化過狐狸，但是發現養狐狸沒什麼用，於是就不再馴了⋯⋯

伍
貓一出現，狗就靠邊站

牠們在花盆裡摔跤，抱著花枝打秋千，所過之處，枝折
花落。你不肯責打牠們，牠們是那麼生氣勃勃、天真可
愛呀。可是，你也愛花。這個矛盾就不易處理。

——老舍

現在……

雖然貓走進人類世界要比狗晚上幾萬年……

一萬年前……

「別煩我！！！」

但是貓的親戚們可是
在幾百萬年前就和人
類的祖先接觸上了。

五百萬年前……

早在五百多萬年前，貓的遠房大舅哥恐貓就看上了人類的祖先，南方古猿。只不過當時牠們的關係是——恐貓吃南方古猿。

恐貓的體質非常適合捕殺南方古猿這類靈長類動物，簡直就是靈長類動物殺手。

相比劍齒虎又長又脆的劍齒，恐貓短直而堅固的劍齒可以輕易咬穿猿猴們的頭骨。

而且恐貓還會上樹……

後來劍齒虎稱霸世界時，也不時地捏一下當時還是軟柿子的人類祖先。

「唉～」

「我連打噴嚏，附近必有劍齒虎！」

 人們推測，部分人類對貓科動物過敏的原因，很有可能就是早期人類祖先為躲避貓科捕食者而進化出的一種保護機制。

「哈—啾——!!!」

「……」

「我不稀罕剩飯！」

「我不稀罕暖爐！」

雖然同人類接觸甚早，但大型貓科動物特立獨行，始終沒有像狼那樣早早地被人類所馴化。大型貓科動物們接受馴化失敗，接下來人類就只能向小型貓科動物——野貓下手。

做為貓亞科下的一個種，野貓種下又包含多個亞種，包括亞洲野貓、歐洲野貓、中國荒漠貓、南非野貓和非洲野貓。在這幾種野貓裡，只有一種邁出了革命性的一步——演化成家貓。

「最後將和哪位貓嘉賓牽手成功？」

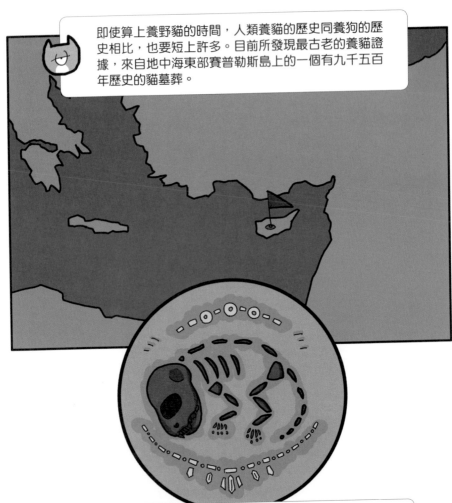

即使算上養野貓的時間，人類養貓的歷史同養狗的歷史相比，也要短上許多。目前所發現最古老的養貓證據，來自地中海東部賽普勒斯島上的一個有九千五百年歷史的貓墓葬。

雖然埋葬的只是一隻野貓，但是從精美的陪葬品可以看出，當時的人類已經很有做貓奴的潛質了！

「這不公平，憑什麼狗都是陪葬的！」

貓能走進人類世界，主要還是因為人類自身出現重大轉折——大約一萬年前，在西亞的美索不達米亞孕育出了人類最早的農業文明——兩河文明。

「真是辛苦各位了……」

 只是農業文明不僅惠及人類，也惠及了另外一個物種——老鼠。

農業的發展給老鼠們提供了更加穩定的食物來源，一部分野生老鼠從此改變了生活習慣，變成了依賴人類農業生存的家鼠。

「孩兒，以後這就是咱的家～」

糧　倉　重　地

 有人類的糧食好生養著，再加上驚人的繁殖能力，幾隻家鼠能夠在短時間內生出一大群來，嚴重威脅著農作物生長⋯⋯

當時西亞分布著大量非洲野貓，一些非洲野貓被家鼠吸引，誤打誤撞地來到了人類的營地。

「你就從了吧～」

「我不！」

隨著和野貓的接觸增多，人類發現這些小動物性格還不錯，就逐漸開始把野貓做為寵物養，漸漸就養成了家貓。

「眾神保佑蘇美～」

在美索不達米亞旁邊的尼羅河邊上，產生了另一個農業文明——古埃及文明。有農業的地方就有老鼠。由於尼羅河附近也是非洲野貓的地界，所以埃及的家貓也是從非洲野貓演化而來的。

古埃及

「埃及伙食也不錯～」

雖然西亞的家貓出現得更早，但是古埃及的家貓擴散得更快。發展出航海業的古埃及人，為了控制船上的老鼠，出航時總喜歡帶隻貓壓船底。就這樣，貓就跟著喜歡遛達的古埃及人擴散到周圍的地域。

現在全世界的家貓，包括你現在正在擼的那位，都是當年西亞和古埃及的非洲野貓後代……

「再撓人，我就送你回埃及老家！」

可以看出，雖然狗比貓更早接觸人類，但是貓借助農業文明實現了過彎超車。隨著全世界進入農業時代，貓得以迅速擴張，形成了不亞於狗的影響力。

相比狗的裝傻，貓的賣萌顯然更惹人疼。不僅如此，從各個方面來看，都是家貓比狗活得更自由自在。原因是多方面的，在這裡挑幾個主要的說說。

生活方式上，狗是群居動物，具有服從性。

而貓是獨居動物，誰也不服誰……

狗的食物完全由人類提供，這增強了狗對人類的依賴。

貓是為了捕鼠才接近人類，並且到現在都保持著捕獵的能力。

馴化程度的不同，導致了貓和狗對人在態度上的不同。從牠們的行為可以觀察到，狗發展出了一套專門針對人類的社交系統，把人類視作不同於同類的特殊存在。而貓對人的行為和貓對貓的行為沒什麼兩樣，說明在貓的心裡，從來都沒把人類當人看……

當狗看見同類……

當狗看見人……

當貓看見同類……

當貓看見人……

「別逼我離家出走！」

 此外，大部分家貓都保留著其祖先的生存本領。就算不跟你人類混了，老子出去單獨過，照樣能過得風生水起。所以——所以你是不是該給我填糧了？

陸
開局一人一狗，我的地盤我來守

狗愛牠們的朋友、咬牠們的敵人，和人不同，後者無法
純粹地愛，在客觀關係中，總是愛恨交織。

——佛洛伊德

看家護院是狗最基本的能力，這項能力源自肉食性動物特有的領地意識。在狗還是狼的時候，牠們就守衛著數百平方公里的領地，一旦有不速之客闖入，狼群必群起而攻之。

「這邊有狀況！」

所以，當狼開始和人類混在一起時，也就默默將人類營地劃在自己的領地範圍裡守衛起來。

 這個習慣在牠們變成狗之後依然延續。

「你能不能有點出息！」

在那個開局一人一狗的年代，狗就是人類的安全寄託。

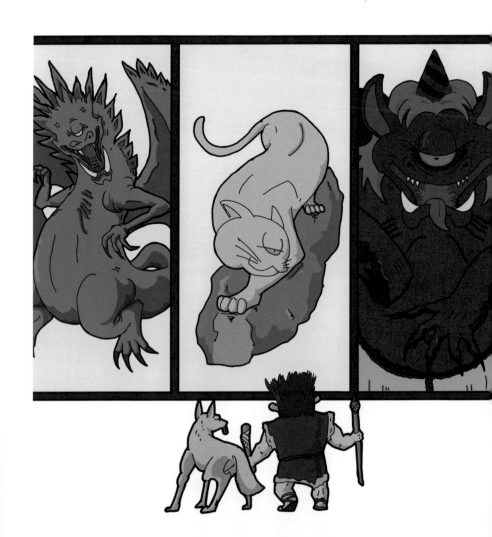

汪星人對抗邪惡世界

狗的看家護院能力深深地烙印在人類的意識裡，
即使在神話中，看門的也大都是狗。在北歐神話
裡，有隻巨大的看門狗加姆，牠所看守的地方就
是維京人的地獄——黑爾海姆。

有一次，眾神之父奧丁騎著馬到處閒晃溜達時，突然聽到一聲狗叫，他就知道他到地獄了。

順便提下，英文裡地獄一詞「hell」，就源自北歐神話中地獄的負責人海拉（Hela）。海拉是詭計之神洛基的女兒，也是加姆的主人。在最終的神魔大戰——諸神的黃昏中，奧丁一家與洛基一家展開混戰，加姆做為洛基一方的主力也參與其中。

「打倒牠！」　　　　　　　　「你的狗看起來不行呀……」

　　「打倒牠！」

但最著名的看門狗，還屬希臘神話中的三頭犬刻耳柏洛斯。

刻耳柏洛斯的父親，是希臘神話中的怪獸之父提豐。提豐是奧林帕斯諸神的死對頭、神界恐怖分子。

但是最終，刻耳柏洛斯還是加入了奧林帕斯諸神的陣營，至於中間發生了什麼就不得而知了。

097

刻耳柏洛斯就這樣兢兢業業地守在冥河邊，檢查前來報到的亡魂，是名副其實的冥界海關。不過，這也不是什麼輕鬆活，刻耳柏洛斯經常被希臘神話裡的英雄們調戲。

海克力士

「我是大力神海克力士，我有一個任務需要你跟我走一趟！」

「這位同志你好，我正在上班，請不要擾亂公共秩序。」

「少廢話！」

「竟然給我下藥……」

雖然在神話中總遭人暗算，但在現實中，刻耳柏洛斯還是很受人崇敬的。每當有人去世，古希臘的人們就會在死者的棺材中放一塊蜜餅，算是給刻耳柏洛斯的通行費。

「我該給誰……」　「給我！」　「給我！」　「給我！」

狗能看家護院的觀念深入人心，但其實也不是所有的狗都會把門，比如——

柒
古埃及的貓不是貓，是神

我希望自己能寫出像貓一樣神祕的東西。

——愛倫‧坡

雖說美索不達米亞人民是世界上最早養貓的人，但他們卻不是最早的貓奴。在他們那，貓就是用來抓耗子的。

為什麼沒人供著我⋯⋯

求滅鼠神器！

離美索不達米亞不遠的尼羅河也孕育出了農業文明——古埃及文明，同美索不達米亞一樣，這裡也備受老鼠的困擾。

「我決定跳槽到古埃及有限公司⋯⋯」

在古埃及，貓可謂是用途多多。

捕鼠。

和蠍子搏鬥。

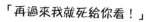

「再過來我就死給你看！」

和蛇搏鬥。

古埃及人遇上貓這種如此多功能又能擼的生物，簡直就是如獲至寶，把貓當成神一樣供著。

傳說古埃及的太陽神拉（Ra），在日落後都會乘船穿越冥界，前往日出之地，其間煩人的大蛇怪阿佩普就會出來阻攔。這時拉神就會化身為一隻爪持大刀的貓趕走蛇怪，保證第二天順利日出。

「每天下班還要趕夜路！」

「不讓過，不讓過～」

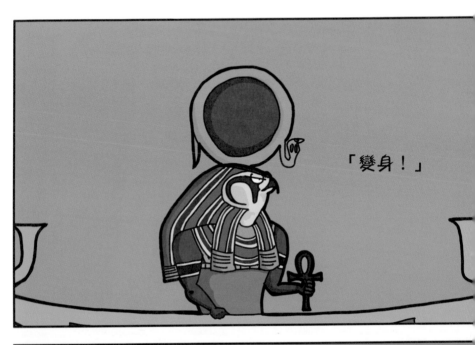

「變身！」

「有話就不能好好說嗎？」

據說拉神選擇變成貓有兩個原因：一是因為貓本身能克蛇；二是因為貓具有夜視能力，在冥界幽黯的環境下，相當於打著遠光燈……

除了拉神，古埃及還有個芭絲特女神，直接就長了個貓頭。

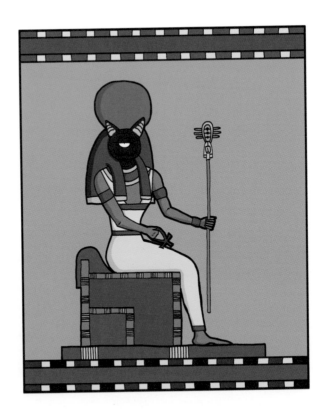

由於芭絲特女神有著五花八門的神力，因此在古埃及受到廣泛崇拜，而這些神力都是來源於其貓的特質。

 貓變化的瞳孔能使人聯想到月圓月缺，同時夜行性的貓也和夜晚緊密相連，因此芭絲特被視為月亮女神。

 母貓一次能產下多隻幼崽，因此芭絲特又被視為生育女神。

 貓的生育能力也被聯想到農業豐收，加上貓還能守衛糧倉，因此芭絲特也被視為豐收女神。

神一樣的貓受到了萬民的景仰與崇拜。不論是在宮廷、神廟，還是在普通人家，不論是家貓，還是野貓，都被人類當成親爹一樣，成天好吃好喝地供著。

不僅活著的時候貓被人類好生供著，就連死後，貓還會被製成木乃伊，死者家屬還得剃鬚哭喪來表現自己極大的悲痛。

「又一個暴飲暴食的……」

古埃及政府也明確規定不得殺貓，
違者處死，且不得將貓帶出國。

只是這個法令並沒什麼用，由於古埃及航海業比較發達，人們經常把貓帶上船，以消滅船上的老鼠。正是由於這個契機，貓在西方文明世界擴散開來。

雖然官方對貓的愛已經很直接了，但是和民間比起來還是相差甚遠。西元前五二五年，波斯國王岡比西斯二世久攻埃及不下，靈機一動想了個損招……

岡比西斯二世

「陛下，久攻不下啊！」

「容我想想～」

幾千年後的今天，人們只能從古埃及遺物中，憑弔那全民擼貓的好時光。

「沒生在那個時代真是幸運！」

「沒生在那個時代真是不幸！」

捌
狗狗的能量，超乎你想像

如果你照顧一隻肚子餓的狗，給牠食物，讓牠過好
日子，這隻狗絕不會反咬你一口。這就是狗和人類
最主要的不同。

——馬克‧吐溫

人類一直都在琢磨著開發狗的各種潛能。過去，打獵是人類獲取食物的主要方式，因此訓練狗打獵就成了重點發展專案。

根據捕獵方式的不同，獵犬主要分為兩大類——

視覺獵犬

嗅覺獵犬

視覺獵犬，顧名思義就是靠視覺追蹤獵物的獵犬。

這類獵犬，主要用於在開闊的平原上追逐獵物，因此好眼神是必需的。

同時，視覺獵犬要能夠長時間奔跑，因此還必須擁有修長的四肢和強壯的心臟。

有著五千多年歷史的薩路基獵犬就是典型的視覺獵犬。在古埃及，薩路基成為貴族們的最愛，圖坦卡門法老還把自己的薩路基做成木乃伊隨葬。

「我這麼喜歡你，你死後也來陪我吧，或者我死後你來陪我吧……」

「不行也得行！！！」

在古埃及的壁畫上也常見到薩路基的身影。

「你說，牠跑得這麼快，還要咱幹啥？」

在歐洲，凱爾特人馴出了高大的愛爾蘭獵狼犬，這些大狗強壯且凶悍，尤以獵狼聞名。羅馬人征服凱爾特人後，甚至把這種狗引進到角鬥中。

「你們這身材去獵狼，是不是有點欺負狼……」

在中國，也有一種古老的視覺獵犬——細犬。
細犬是中國古代皇家的專用獵犬，深得皇帝們喜愛。特別是清朝的皇帝，他們尤其愛炫耀自己的這些狗，經常讓畫師給狗兒們畫像留念。

「來，給朕樂一個～」

「樂個頭！」

二郎神的哮天犬就是細犬。哮天犬是二郎神的法寶，每當二郎神招架不住時，他就放狗咬人。

嗅覺獵犬，就是靠聞味追蹤獵物的獵犬。這類獵犬主要應用在山地、森林這些既看不遠又跑不快的地方。

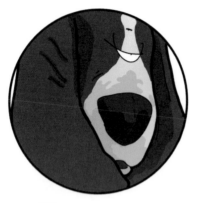

為更有效地收集氣味，嗅覺獵犬都有大鼻孔和下垂的大耳朵。

為了使牠們在山林裡更容易被找到，嗅覺獵犬都有雄渾的叫聲，當然在市區裡這個特點就比較擾民……

「汪——」

 由於這類狗喜歡埋頭追蹤氣味，所以容易走失，需要勤盯著……

源於德國的臘腸狗就是著名的嗅覺獵犬。不了解臘腸狗的，看到牠們奇異的身材，可能會懷疑牠們的捕獵能力，但正是這種奇異的身材造就了臘腸狗的獨門絕技——鑽洞！

「唉，腿短撐不起衣服……」

可能是歷史的巧合，眾多藝術家都鍾愛臘腸狗。
畢卡索經常把他的臘腸狗畫到作品中。

「寶貝，我把你畫進我的作品裡了！」

「我來看看！」

「這什麼鬼⋯⋯」

畢卡索作品《侍女》局部

「這是我和他嗎……」

安迪・沃荷也有兩隻臘腸狗，他一天到晚和牠們膩在一起。

「……」

安迪・沃荷

「……」

「……」

當然，除視覺獵犬和嗅覺獵犬外，人類還馴化出了其他五花八門的獵犬。例如，總被日本政府做為國禮送出的日本國犬秋田，在過去是用來獵熊的。

「衝啊，太郎！」

「汪汪，你說啥～」

隨著文明的進步，人們有了更多手段來獲取食物，捕獵逐漸成了一種娛樂活動。到了現代，獵物都成了保護動物後，這些為捕獵而生的獵犬也紛紛轉行轉業，融入尋常百姓家。

「你祖宗是獵貓的吧！！！」

玖
西方擼貓：相愛相殺

小貓咪堪稱藝術佳作。

——李奧納多・達文西

在西元八世紀的歐洲，誕生了羅馬城，那的人都很能種田。

羅馬
（那會兒還不是帝國）

羅馬的士兵平時沒事都回家種田，將軍們也是，執政官卸任了也是……

「將軍，該收麥子了～」

「哦……」

羅馬人也遇到了自古以來就令農民頭疼的問題——鼠患，幸好他們遇到了喜歡帶著貓到處遛達的古埃及人。

「人走，貓留下！」

「要好好供著嗬～」

從此以後，羅馬人也喜歡帶著貓到處遛達。

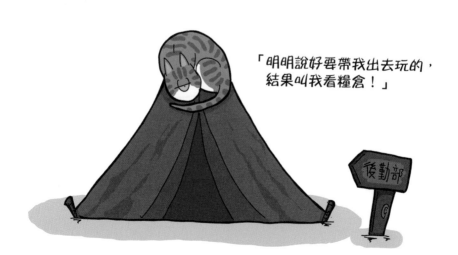

「明明說好要帶我出去玩的，結果叫我看糧倉！」

後勤部

139

羅馬人很能打仗,並且他們打到哪就把地耕種到哪,帶過去的貓自然也就在各地繁衍。就這樣,家貓傳遍了歐洲。

那個時候，羅馬最主要的鄰居是凱爾特人。雖然凱爾特人不怎麼種田，但是他們和古埃及人一樣，對貓充滿著謎之敬畏。

 在凱爾特人的觀念中，貓是彼岸世界大門的守護者，也是人類和宇宙產生聯繫的媒介。

西元前一世紀，羅馬人在凱撒的帶領下，把他們的鄰居凱爾特人給打爆了。信心爆滿的凱撒決定去征服一下海峽對岸的大不列顛島，結果是人征服失敗、貓征服成功。

在北歐的維京人心目中，貓同樣地位甚高。北歐生育女神芙蕾雅的專車就是由兩隻貓拉著，這可能也是因為人們聯想到貓超強的生崽兒能力。

在北歐，如果一隻貓出現在婚禮上……

「你愛我嗎？」

「……」

「羨慕嗎？咱有愛神的祝福～」

「可否歸還吾兒……」

西元四七六年，西羅馬帝國滅亡後，歐洲進入中世紀。從此，全歐洲就只有一種宗教——基督教，其他宗教都被列為異教。

 在異教中地位甚高的貓，自然也不能像以前那樣被供著了，不過由於當時歐洲人全都開始耕種了，因此也沒有特別排斥貓。

「你該讓位了……」

「我這剛焐熱了……」

當時的修道院裡也是養貓的，因為老鼠實在是太煩人了，不僅嗑餅乾，還嗑書、嗑蠟燭、嗑……

不過，貓有的時候也不幹好事——經常在書稿上撒尿。那時候還沒有印刷術，書都是手抄的……

 這種事即使在今天也時常發生。

好景不長，由於對人類愛理不理，還總是在黑夜裡活動，貓逐漸被視為魔鬼撒旦的化身，人們開始屠殺貓。

「親親我～」

「不親！」

「抱抱我～」

「不抱！」

「你是魔鬼！」

「什麼鬼……」

這場殘暴的颶風席捲歐洲，整個基督教世界都陷入了屠貓的癲狂中。信奉天主教的英格蘭女王瑪麗一世在登基時將裝滿貓的筐投入火中，以表明剷除新教的決心。

瑪麗一世

LONDON

「天佑女王！！！」
「支持天主教！」
「剷除新教！」

「貓是新教異端的象徵，我們要剷除牠們！」

「關我什麼事？！」

瑪麗女王信奉新教的妹妹伊莉莎白一世，在登基時也將裝滿貓的筐投入火中，以表明剷除天主教的決心⋯⋯

在法國，屠殺貓甚至成了一項延續數百年的狂歡活動。廣場上，人們點燃裝滿貓的籠子或麻袋，然後圍著這些「火貓」縱情狂舞。

路易十四

巴黎

「陛下，想不想看
不一樣的煙火？」

這種集體的瘋狂行為，甚至連國王都不得不參加。
路易十四是最後一位參與這種活動的法國國王。

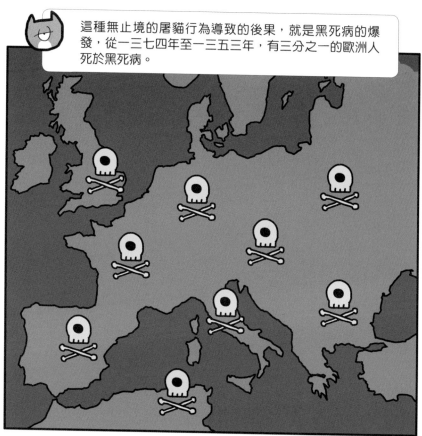

這種無止境的屠貓行為導致的後果，就是黑死病的爆發，從一三七四年至一三五三年，有三分之一的歐洲人死於黑死病。

不過在當時，人們普遍以為是貓帶來的瘟疫，因為牠們是魔鬼的化身啊！所以人們就更喪心病狂地屠殺貓了。

「去死吧，瘟神！」

「真的不關我的事……」

當時人們甚至將大量的貓從高處拋下摔死，希望老鼠們能網開一面。

「鼠大爺，給條活路吧！」

「不會再讓你受傷了～」

到今天，這種行為演化成了一個傳統節日——比利時拋貓節。

到了十九世紀，歐洲普遍進入現代文明後，屠貓運動才逐漸消失。歐洲人認識到了貓的商業價值，開始培育各類品種的貓——現代主義貓奴之路由此開啟。

「原來還可以擼！」

 但無論如何，這屠貓的黑歷史是抹不掉的。

這樣的反差其實毫不奇怪。在中世紀，以伊斯蘭文化為主導的阿拉伯國家、在經濟和文化上要遠勝歐洲的國家，很多古希臘羅馬的作品都是在阿拉伯國家倖存下來後，又傳回歐洲的。

「總有刁民想害朕！！！」

 雖然在最近幾百年，歐洲國家已扭轉局勢，但是對貓兒們而言，往事不堪回首啊。

拾
人愈來愈懶，狗愈來愈能幹

我非常喜歡動物，和一隻狗說話的時候，牠從來不會要求你閉嘴！

——瑪麗蓮・夢露

狗的發展之路，正是人類自身發展之路的寫照，隨著人類生活日益複雜，對狗的需求也逐漸多樣化。久而久之，人類就把狗從一柄長矛馴成了瑞士刀。

「……」

「懂我！」

人類從誕生起就在不斷地遷徙，在那個既沒有火車也沒有汽車的年代，搬家是個麻煩事（主要還是懶），因此人類就在狗身上打主意。

「我不想背了……」

人類馴化了馬之後，就不再用狗背行李，但是像北極圈附近這種極端地區，還是得靠狗，於是就有了雪橇犬。

由因紐特人馴出的阿拉斯加雪橇犬是最古老的極地雪橇犬之一，在十九世紀美國淘金熱時期開始被廣泛使用。二戰期間由於被大量徵用，阿拉斯加犬數量劇減。人們為了保住這個品種，引入外表看起來和阿拉斯加犬差不多的哈士奇，並用牠的基因做為補充……

「你倆長得差不多，就湊合過吧……」

「外表相似不等於智商相似啊，人類！！！」

由生活在東北亞的漁獵民族楚科奇人馴出的西伯利亞雪橇犬，又稱哈士奇。做為畜力的哈士奇非常給力，特別是在那個交通不發達的年代——

「咋不動呢～」

 一九二五年，阿拉斯加地區鬧白喉，在傳統運輸方式接近癱瘓的情況下，幸虧哈士奇雪橇隊日夜兼程，才及時將藥物送達。人們為了紀念這群哈士奇，在紐約中央公園立了個雕像。

哈士奇是最沒攻擊性的狗，所以別指望牠能看家……

其實哈士奇給人很二愣子的感覺，完全是人類一手造成的。哈士奇原本是由狗和灰狼長期雜交得來的，所以原始的哈士奇是比較凶狠的，只不過後來人類把這些不適合做為寵物的特質都篩掉了——只留下犯傻的性格。

人類除了農業，還有另一種主要的生產食物的方式——畜牧業。但是在過去科技不發達的年代，只憑兩條腿趕一大群牲口是個麻煩事（主要還是懶），因此人們又在狗身上打主意。

於是就有了牧羊犬——能領著牲口吃草的狗。這類狗普遍高智商，會有意識地按路線驅趕牲口。源自蘇格蘭的邊境牧羊犬，是智商最高的狗。

「轉彎轉彎，再直行就吃土了～」

「轉彎轉彎，再直行就掉坑了～」

短腿的柯基犬最早也是被用來放牧的，牠們是以一種比較特別的方式趕牲口——咬腳脖子。

可能有人懷疑這麼小的狗也能放牛？其實這正是牠的優勢——長得小，踢不著。

人類有了槍以後，就能遠距離打獵。但是把獵物撿回來是個麻煩事（主要還是懶），因此人們又在狗身上打主意⋯⋯

於是就有了尋回犬。尋回犬就是專門用來尋回獵物的狗。

尋回犬自我克制力強，要不然獵物還沒被叼回來就讓狗吃了。

牠們還有柔軟的大嘴巴，不會咬壞獵物。

尋回犬奔跑速度快且擅長游泳，這些都是為適應狩獵場複雜的環境而培養出來的。

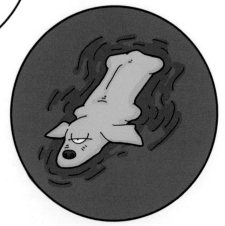

最常見的尋回犬應當屬黃金獵犬。黃金獵犬的性格非常好，因此也經常被用作身障人士的輔助犬，但也正是因為性格太好了，所以讓牠來看家就很不靠譜。

「主人讓我看家！」

「有啥可看的，來了便是客～」

人類培育狗也不全是為了偷懶，就比如人類養出了一種什麼活都不用幹、專門給人做伴的狗——伴侶犬。

至少有兩千年歷史的北京犬，過去一直被做為宮廷特供寵物，除了做寵物，別的什麼也幹不了。北京犬養尊處優，即使是出門遛遛也高狗一等。

「咱去散個步～」

「來，下地遛遛～」

173

時間拉回到現代，科技的進步使狗原本的工作能透過機器更高效地完成。狗做為工具的時代已經一去不復返，牠們面臨著被淘汰的危機。但是幸好，由於我們貓主子的最高指示，人類已經將更多的狗接納到家庭裡，賦予牠們全新的生活意義——服侍我們！

「所以你是不是得聽我的話？傻狗！！！」

拾壹
東方擼貓：又愛又怕

貓是理智、情感、勇敢三德全備的動物：牠撲滅老鼠，像除暴安良的俠客；牠靜坐念佛，像沉思悟道的哲學家；牠叫春求偶，又像抒情歌唱的詩人。

——錢鍾書

相比於對貓態度陰晴不定的西方人，東方人看待貓要理性得多。早在五千多年前，中國人就和貓攪在一起了。

「上古男子天團！」

 人跟貓能攪在一起，還不是因為老鼠，不過那時的貓可能不是現代家貓的祖先，而是豹貓。

「此乃本尊……」

不知何故，家養的豹貓並沒有延續下來，所以後來中國人防老鼠都是靠神出鬼沒的野貓。周天子祭祀中，拜貓神的環節——迎貓，迎的也是野貓。

「貓神貓神，保我莊稼平安！」

自始至終，中國人都沒有把野貓變成家貓，因此貓也沒能入選以家畜為主導的十二生肖。

「I don't care~」

宋朝時，中國迎來第一次養貓熱潮，湧現一大批貓奴。其中的最佳貓奴，當屬詩人陸游。

「看著書棒棒的，給你買小魚乾～」

「呀，沒錢了～」

宋朝的養貓業已經形成了一條完整的產業鏈。

在宋朝，想養一隻貓，須透過特殊的形式，擇良辰吉日把貓「請」來。

如果是從野貓那兒請，需要給母貓送魚「聘禮」。

如果是從別人家裡請，
需要給那家的主人鹽，以示為「有緣人」。

抱貓回家後還要拜神，祈求貓不要在家裡到處排便……

「求別拉別尿啊～」

「貓砂在哪兒！朕快憋不住了！！」

明清時期，中國又迎來了第二次養貓熱潮。這次士農工商都進入了貓奴模式，大明嘉靖皇帝就是其中的傑出代表。

「眾卿覺得今晚該翻誰的牌子？」

嘉靖帝

「你高興就好……」

洋務派大臣張之洞也是個愛貓的主子。

清朝時還出現了一部貓奴專用百科全書——《貓苑》，有系統地介紹了各種貓的品相特徵、性格愛好，還給這些貓起了專門的稱呼。

銀槍拖鐵瓶

玳瑁

將軍掛印

綉虎

烏雲蓋雪

雪裡拖槍

銜蝶

尺玉霄飛練

金絲虎

金被銀床

踏雪尋梅

狸花

以上這些貓按照現代品種劃分的標準，可以統稱為——米克斯貓。

「快顛吐了……」

那時的日本，能養貓的可都不是一般人。

「大傻帽兒！！！」

最初在日本，貓主要的任務只是守護寺院裡的佛經，因此日本很多寺院都常備貓。

「然而有時也會失控……」

不光是寺廟裡的貓口失控，一些小島也貓口失控了。

既然貓主子這麼多，那一不做二不休，乾脆開發成
貓奴聖地好了。

在貓口控制方面，日本真應該學學中國。中國的故宮裡生活著上百隻貓，有些甚至還保留著當年宮廷貓的血統。這些貓平時漫步在龐大的宮闈之內，根本不理那些遊客。

「然而有時也會失控」

Of course，我們不必擔心故宮內貓口失控，這些大內貓都經過絕育處理，全是「公公」。

中日兩國很多文化都有聯繫，貓文化也是如此。如在唐朝有「貓洗面過耳則客至」的說法，意思是說如果貓洗臉能洗過耳朵，這家店就會吸引更多客人。

「哦呀呀，這家店的貓會洗臉～」

「都來圍觀！」

這個說法傳到日本之後，漸漸發展成了寓意著招財進寶的招財貓。

雖然中日人民都非常寵貓，但由於貓天然的神祕感，也使人們對貓產生了恐懼心理。

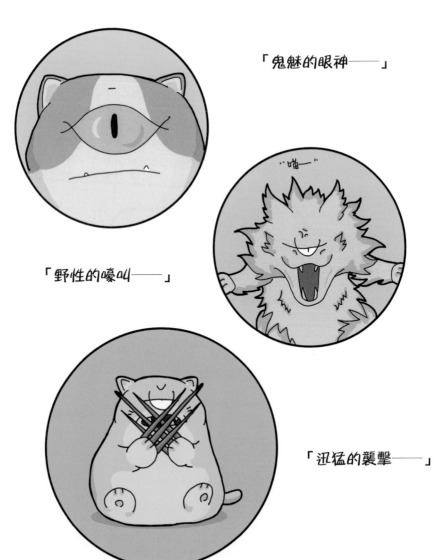

「鬼魅的眼神——」

「野性的嚎叫——」

「迅猛的襲擊——」

古代中國有「九命貓妖」的說法——貓每活九年就能再長出一條尾巴，最多能長出九條尾巴。九尾貓有九條命，再活九年就能化作人形，蠱惑世人。

「我是凶惡的九命貓妖！」

「你抄我 idea……」

197

在日本也有類似的多尾貓妖——化貓。當貓上了歲數，積攢了足夠妖力後，就會長出新的尾巴。化貓也能夠化為人形，在人間為非作歹。

為了防止貓積聚妖力，過去日本人經常把貓尾巴切掉。因此短尾巴的貓在日本特別受歡迎，久而久之，形成了一種獨特的品種——日本短尾貓。

日本短尾貓

「唉，沒尾巴玩……」

但是，無論貓被想像為何種鬼魅，在中國和日本也沒有發生過大範圍的屠貓運動。中日貓奴自古以來的良好表現，值得他國反思。

 據統計，現在中國供著大約五千三百萬隻貓主子，已經位居全球第二！

「全民貓奴之野望，指日可待！」

拾貳
古埃及的狗也不是狗，是神

所有的知識，全部的問題與答案，全在狗身上。

——卡夫卡

人和狗之間的關係，要比人和貓之間的平穩得多。人類基本上不曾痛恨過狗，但也沒聽說誰變成狗奴。

人類也曾對狗表達過自己熾熱的愛。日本德川幕府的第五代將軍綱吉就特別愛狗，世人稱之為「狗將軍」。

「怎樣才能讓我的臣民和我一樣愛狗呢？」

德川綱吉

「那就頒布飽含吾之愛的《生類憐憫令》！」

《生類憐憫令》的內容包括……

「不得拋棄狗，
違者流放！」

「遇見狗打架
必須調停！」

「狗打架受傷，醫藥費
里辦公處平攤！」

《生類憐憫令》堪稱有史以來最嚴苛的動物保護法，搞得民怨沸騰，最終該法令不得不被廢除。當然，這個法令還是有一定正面意義的——從此以後，日本人就不再吃狗肉了。

「遙望綱吉將軍之魂啊！」

「醒醒吧，我還想回古埃及呢～」

雖說狗不像貓那麼神祕，但是由於牠們和狼剪不斷的
干係（本來就是一個物種），難免促使人們把兩者混
在一起。

「明明一點都不像……」

 就如北歐神話中的巨狼芬里爾，雖然號稱是狼，但怎
麼看都像條狗。

「狼兒身，狗兒心～」

芬里爾

芬里爾直到諸神的黃昏時才掙脫這條狗鏈子，直奔主神奧丁尋仇。

芬里爾有兩個狼兒子，一隻追著太陽，一隻追著月亮，牠們在諸神的黃昏時將日月吞噬，堪稱北歐版的天狗吃月亮和太陽。

中國版的天狗最早出自《山海經》。那些年，天狗還只是生活在山林裡的大狗，是個能辟邪的好狗。

「天狗上不了天……」

但是東晉時期，因為某位文學家的一個筆誤，將天狗和二十八星宿中的大凶星天狗星混作一起，從此天狗就真的上天了，但也變成壞狗了。

「西北『汪』，
射天狼！」

天狗一上了天，就情不自禁地啃月亮……

每當天狗啃月亮，地上的人類都會奮起反抗。

「怎一個**煩**字了得……」

中國的天狗傳到日本後，不知怎麼就演變成了另一副模樣。這時牠只是頂著狗之名，和狗已經沒半點關係了。

又由於狗喜歡吃屍體，因此全世界很多地方的文化都將狗和死亡連結在一起。

「為什麼牠吃過期食品卻不會拉肚子？」

「死亡在牠眼裡並不算過期～」

比如古埃及的狗頭死神——阿努比斯。

「要輕拿輕放～」

阿努比斯的日常工作是守護死者的靈魂，因此在埃及王陵壁畫上的出鏡率非常高。

阿努比斯的另一項工作，是透過秤量亡靈心臟的重量，來判斷這個人是該上天堂、還是該下地獄。

除了埃及的狗頭死神，中美洲阿茲特克人的死神修洛特爾（Xolotl），也是狗頭。

修洛特爾

 在中美洲，狗被視為溝通冥界的媒介，因而也是亡者靈魂的引導者。在皮克斯電影《可可夜總會》中出場的墨西哥無毛犬（Xoloitzcuintli），其名稱就源自修洛特爾。

墨西哥無毛犬

狗頭死神一般都很有職業操守，從來不引導活人入亡靈之境。但也有些狗在你活著的時候，就想引導你的靈魂——不列顛傳說中的「黑犬」，是一種充滿死亡氣息的幽靈大狗，看到牠的人會倒楣。

「確認過眼神～」

「我遇上對的狗……」

黑犬在英文文化圈中影響深遠，經常被文學作品借鑑。
其中最著名的，當屬「福爾摩斯探案集」中的代表作——
《巴斯克維爾的獵犬》。

「巴斯克維爾獵犬和一般
黑犬的最大區別在——」

福爾摩斯

華生

「牠是家養的～」

「現在我也能感受到那傳說中快死的氣息……」

拾參
人類一思考，貓貓就發笑

假如一個家裡沒有貓——一隻被精心餵養、百般
寵愛、獲得極大尊重的貓，或許你可以稱它為一
個完美的家，但是它要怎樣證明這個頭銜呢？

——馬克 · 吐溫

過去，人們並沒有品種貓的概念。以前的貓，生出來的崽兒是個什麼特徵都沒有定數。

為了保存這些意外得來的特徵，人類開始想辦法讓貓繁育特徵固定的品種貓。

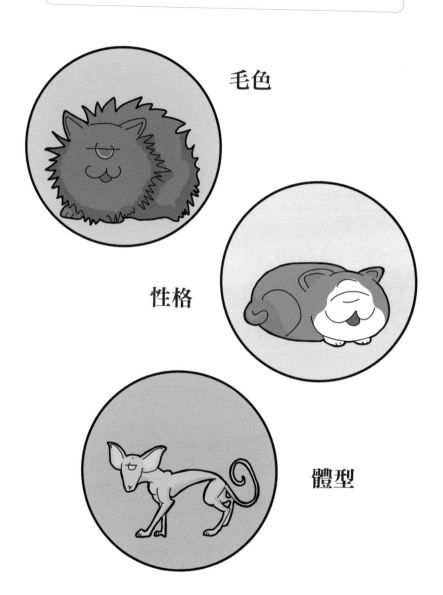

毛色

性格

體型

西元前一世紀起，羅馬的貓藉由戰爭源源不斷地湧入不列顛島。

「征服就是榮譽！」　　　　　「誓死保家衛國！」

「你好漂亮～」　　　　　「你好帥～」

 牠們和當地野貓雜交後，產生了一種新型的短毛貓，
這就是英國短毛貓（以下簡稱英短）的祖先。

「基本特徵均已出現，
就是沒那麼肥～」

然而在漫長的歲月裡，這些貓一直是做為土貓存在的，直到十九世紀，英短才真正做為寵物開始被繁育。

1871 年，新育出的英短首次在倫敦水晶宮展出，引起轟動！

 當時英短聲名遠播，受到人們追捧。《愛麗絲夢遊仙境》中，那隻來無影去無蹤的柴郡貓，便是以英短為原型創作的。

然而十九世紀末，波斯貓開始在歐洲大受歡迎，英短失寵，進而導致純種的英短變得相當少見。

「死毛球，來歐洲和我搶糧！」

 接下來，更糟糕的是發生了第二次世界大戰，二戰期間炸死了相當多的英短種貓，使本來就不多的英短瀕臨滅絕。

戰後由於沒有足夠的英短來繁殖，無奈人們只能拿波斯貓及外形與英短很相似的俄羅斯藍貓和法國沙特爾貓來配種。

波斯貓

俄羅斯藍貓

沙特爾貓

現在大家養的英短，其實就是這些貓混種的後代。

「我其實就是人類培育出來的雜種～」

二十世紀七〇年代，國際愛貓者協會（CFA）和國際貓咪協會（TICA）都正式承認了英短品種。其實英短不止英國藍這一種花色，CFA認證的英短有十五種花色。

 現在養英短的人超級多，英短已經是世界上最受歡迎的品種貓之一了。

除了英國人看上短毛貓外，另一撥人也盯上了短毛貓。一六二〇年，一百零二個清教徒帶著幾隻短毛貓登上「五月花號」，一路顛簸來到了美洲大陸。

「America, I am coming!!!」

 這些貓來到美洲後，和當地野貓一頓雜交，就形成了美國短毛貓的祖先——當時還是土貓。

然後經過人工繁育，就形成了全新的品種——美國短毛貓（以下簡稱美短）。美國人有把任何事物都打造成商品的天賦，CFA 認證的美短有八十多種……

 二十世紀初，正式確立品種的美短在美國人的大力推動下遍布全球。到今天，美短已成為和英短比肩的出色品種。

「壓在貓奴頭上的兩座大山！」

在推動商品價值最大化的道路上，美國人從未止步。二十世紀六〇年代，美國人將美短和波斯貓雜交，培育出了兼具美短的毛色和波斯貓臉型的異國短毛貓——又稱加菲貓。在各路管道的推廣下，如今加菲貓在全球寵物貓市場上也是極受歡迎。

異國短毛貓

在英國，還有另外一種著名的品種貓——蘇格蘭摺耳貓，牠們都是二十世紀六○年代在蘇格蘭的一個農場裡偶然發現的摺耳貓後代。

但是這種貓的摺耳特徵，其實是由一種基因缺陷導致的，因此人們為了防止這種缺陷發病，都是用英短或美短的立耳貓來和摺耳貓交配。

「咱們乃天造地設，結婚吧！」

「和你生孩子，娃兒的耳朵都立不起來～」

如果短毛貓是歐洲品種貓的代表，那麼暹羅貓就是亞洲品種貓的代表。暹羅貓最早可追溯到泰國大城王朝時期（十四至十八世紀）。泰國這個國家，自古以來就是個極其稀罕貓的國度。

「哦，寶貝兒，你就像黃金一樣珍貴！」

「遍地都是黃金……」

一八八四年，一直生活在泰國宮廷和寺院裡的暹羅貓，由於其獨特的外表使西方人著迷，被帶到英國進行繁育。但是由於理念的不同，暹羅貓的繁育者們劃分成兩派——現代派和傳統派。

理念的差異本身無關對錯，但是由於西方審美的主導地位，現代暹羅貓的數量很快就超越傳統暹羅貓，並最終成了正統的暹羅貓。由於兩者的基因已經相差甚遠，傳統暹羅貓現在已被定義成一個新品種，改稱泰國貓。

現代暹羅貓

傳統暹羅貓

「本是同根生！」

然而在品種改造的道路上，人類並未止步。以暹羅貓為基礎，人類又搞出了很多新品種。

東方短毛貓

哈瓦那棕貓

雪鞋貓

繁育出現分歧是可以理解的現象，畢竟這意謂著制定品種標準的權力在誰手裡，這一點在布偶貓的繁育史中最能體現。二十世紀六〇年代，布偶貓在美國繁育而成，但其創始人安·貝克（Ann Baker）拋開傳統品種貓協會，自己創立了國際布偶貓協會，並且不承認任何未在該協會註冊的布偶貓。

「沒在我這註冊的都不是正規的布偶！」

布偶貓

「在別人家註冊不算，誰家都不算！」

國際布偶貓協會有一群繁育者，實在受不了協會苛刻的繁育要求，乾脆自立門戶，並且本著相容並包的精神，以布偶貓為基礎，繁育出了全新品種——襤褸貓。

「不聽不聽～」　　　　　「我們要開放，我們要包容！！！」

「……」　　　　　　「這是開放包容的結晶～」

襤褸貓

 而國際布偶貓協會最後還是跟傳統協會妥協了，因為這個協會實在太小了……

品種貓的培養和改造沒有終點，人類在不停地探索和創新，市場上不斷出現更加新奇的品種——這一切都是商業邏輯的結果。

熱帶草原貓

獰貓

「這樣的主子我可不敢伺候！！！」

拾肆
人與貓狗，恩愛永久

小狗不應該因為有大狗的存在而慌亂不安，所有的狗都應該大聲叫——就按上帝給的嗓門大聲叫好了！

——契訶夫

做為寵物，貓或狗單獨飼養都是非常和諧的。但如果混養這兩個物種，牠們就得打一陣子才能消停下來。

「……」

過去的人們自以為搞明白了貓狗間不和諧的原因，給牠們編了很多傳說。

貓狗不和，是因為貓搶了狗的功勞……

「你敢搶我功勞！」

貓狗不和，是因為貓欠錢不還……

「你敢欠錢不還！」

貓狗不和，是因為貓偷吃了狗的骨頭……

「你們夠了！」

其實從科學的角度看，貓狗不和的原因很簡單。

「一山不容二虎。」

貓和狗都是有領地意識的，有不明生物進犯時，牠們會非常緊張。特別是貓，極其不好說話。

其實如果把兩隻貓放在一起，牠們照樣打。

除了領地意識，就是行為差異。同樣的行為在狗這裡是示好，在貓那裡就是要挑事。

狗搖尾巴表示友好。

貓搖尾巴表示敵意。

所以貓狗之間必有一戰，除非是下面這種關係……

這個時候主人就要盡到主人的職責。

「We are 飛母哩（family）～」

 一般而言，經過這種鋪墊，貓狗間的關係都能修補好。

「想不到曾經神一般的我，
如今也要和你這看門的擠一個窩～」

 縱觀這漫長的歲月，我們的祖先和人類從對立到合作，接受了人類的改造，融入人類的生活中。

 雖然這一切看似是一場敗仗，但我們更願意相信是祖先主動去接納人類，牠們看準人類這檔股票會暴漲。

美國現存狼僅一萬多隻，而狗卻有九千萬條。雖然食肉目家族有幾千萬年的進化史，但是從來沒有像現在這樣繁盛。

90,000,000

10,000

「我已是稀有動物了⋯⋯」

 感謝我們的祖先，做出了如此明智的決定。

也感謝有你，人類。讓我們過上夏天有空調、冬天有暖氣的日子。

「我猜他摳完腳，
會讓你舔手……」

 感謝相伴，一路有你。

結語
是時候說點嚴肅的事了

貓狗的確惹人歡喜，深一層研究，也許是城市人都寂
寞吧。

——蔡瀾

「既然選擇相伴，就要負責到底哦！」

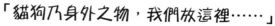
「貓狗乃身外之物，我們放這裡⋯⋯」

「也可以放這裡⋯⋯」

「就是不要放在肚子裡！」

「杜絕狗肉，從我做起！」

番外
大師擼貓，大師風範

上帝所創造的，即使是最低等的動物，皆是生命合
唱團的一員。我不喜歡只針對人類需要，而不顧及
貓、狗等動物的任何宗教。

——林肯

註：季羨林（1911 - 2009），中國語言學家、文學翻譯家。

季羨林有一個原則——絕對不打貓！！！

「這麼可愛的寶貝兒怎麼忍心打……」

「……」

 這種事，人當然無所謂了，貓可就不一定了。

「原來藏在這裡了……」

「……」

即使這樣，季羨林依舊堅持他的原則——絕對不打貓！！！

「這麼可愛的寶貝兒，怎麼忍心打……」

然而現實無法逃避……

「明天又要交稿了，
怎麼跟編輯解釋呢……」

林徽因說，她的貓是他們家愛的焦點⋯⋯

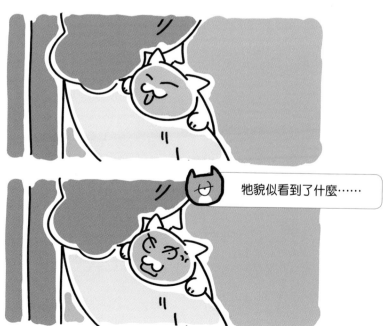 牠貌似看到了什麼⋯⋯

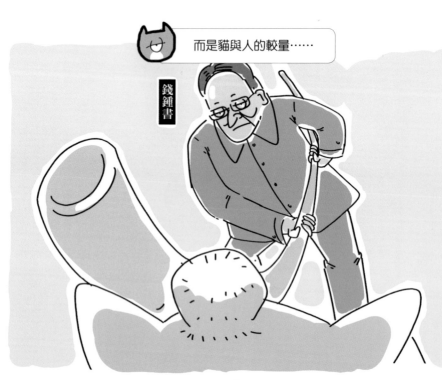

而是貓與人的較量……

錢鍾書

錢鍾書總是手持竹竿，為愛貓而戰。

「敢欺負我的小心肝！」

「這不公平……」

錢鍾書的夫人楊絳怕傷了兩家和氣，特來勸架。

楊絳

「打狗要看主人面，
打貓則要看主婦面啊！」

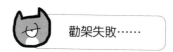
勸架失敗……

「誰教你欺負我家小心肝！」

國家圖書館預行編目資料

貓狗撿史 / 開亮著. -- 初版. -- 臺北市 :
寶瓶文化, 2019.10
　面 ；　公分. -- (Enjoy ; 62)
ISBN 978-986-406-167-9(平裝)

1. 哺乳動物 2. 通俗作品

389   108014399

Enjoy 062

貓狗撿史

作者／開亮

發行人／張寶琴
社長兼總編輯／朱亞君
副總編輯／張純玲
資深編輯／丁慧瑋
編輯／林婕伃
美術主編／林慧雯
校對／林婕伃・林俶萍・劉素芬
營銷部主任／林歆婕　業務專員／林裕翔　企劃專員／李祉萱
財務主任／歐素琪
出版者／寶瓶文化事業股份有限公司
地址／台北市110信義區基隆路一段180號8樓
電話／(02) 27494988　傳真／(02) 27495072
郵政劃撥／19446403　寶瓶文化事業股份有限公司
印刷廠／世和印製企業有限公司
總經銷／大和書報圖書股份有限公司　電話／(02) 89902588
地址／新北市五股工業區五工五路2號　傳真／(02) 22997900
E-mail／aquarius@udngroup.com
版權所有・翻印必究
法律顧問／理律法律事務所陳長文律師、蔣大中律師
如有破損或裝訂錯誤，請寄回本公司更換
著作完成日期／二〇一九年
初版一刷日期／二〇一九年十月
初版二刷日期／二〇一九年十月八日
ISBN／978-986-406-167-9
定價／三七〇元